六、实验过程及现象

时间	过程	现象

U0162923

七、产物性状及产率计算

八、讨论

九、思考题

实验成绩：＿＿＿＿＿＿＿＿ 评阅老师：＿＿＿＿＿＿＿＿

实验名称：

一、实验目的和要求

二、反应原理及主要反应式

三、主要化学试剂及产物的物理常数

名称	分子量	性状	折光率	密度	熔点/℃	沸点/℃	溶解度（g/100 mL 溶剂）		
							水	醇	醚

四、实验装置图

五、实验流程框图

实验名称：

一、实验目的和要求

二、反应原理及主要反应式

三、主要化学试剂及产物的物理常数

名称	分子量	性状	折光率	密度	熔点 /℃	沸点 /℃	溶解度 (g/100 mL 溶剂)		
							水	醇	醚

四、实验装置图

五、实验流程框图

六、实验过程及现象

时间	过程	现象

七、产物性状及产率计算

八、讨论

九、思考题

实验成绩：_____   评阅老师：_____

实验名称：

一、实验目的和要求

二、反应原理及主要反应式

三、主要化学试剂及产物的物理常数

名称	分子量	性状	折光率	密度	熔点 /℃	沸点 /℃	溶解度 (g/100 mL 溶剂)		
							水	醇	醚

四、实验装置图

五、实验流程框图

六、实验过程及现象

时间	过程	现象

七、产物性状及产率计算

八、讨论

九、思考题

实验成绩：_____ 评阅老师：_____

实验名称：

一、实验目的和要求

二、反应原理及主要反应式

三、主要化学试剂及产物的物理常数

名称	分子量	性状	折光率	密度	熔点 /℃	沸点 /℃	溶解度 (g/100 mL 溶剂)		
							水	醇	醚

四、实验装置图

五、实验流程框图

六、实验过程及现象

时间	过程	现象

七、产物性状及产率计算

八、讨论

九、思考题

实验成绩：＿＿＿＿＿＿＿＿　评阅老师：＿＿＿＿＿＿＿＿

实验名称：

一、实验目的和要求

二、反应原理及主要反应式

三、主要化学试剂及产物的物理常数

名称	分子量	性状	折光率	密度	熔点 /℃	沸点 /℃	溶解度 (g/100 mL 溶剂)		
							水	醇	醚

四、实验装置图

五、实验流程框图

六、实验过程及现象

时间	过程	现象

七、产物性状及产率计算

八、讨论

九、思考题

实验成绩:＿＿＿＿＿＿＿＿　　评阅老师:＿＿＿＿＿＿＿＿

实验名称：

一、实验目的和要求

二、反应原理及主要反应式

三、主要化学试剂及产物的物理常数

名称	分子量	性状	折光率	密度	熔点 /℃	沸点 /℃	溶解度 (g/100 mL 溶剂)		
							水	醇	醚

四、实验装置图

五、实验流程框图

六、实验过程及现象

时间	过程	现象

七、产物性状及产率计算

八、讨论

九、思考题

实验成绩:_____   评阅老师:_____

实验名称：

一、实验目的和要求

二、反应原理及主要反应式

三、主要化学试剂及产物的物理常数

名称	分子量	性状	折光率	密度	熔点 /℃	沸点 /℃	溶解度 (g/100 mL 溶剂)		
							水	醇	醚

四、实验装置图

五、实验流程框图

六、实验过程及现象

时间	过程	现象

七、产物性状及产率计算

八、讨论

九、思考题

实验成绩：_____ 评阅老师：_____

实验名称：

一、实验目的和要求

二、反应原理及主要反应式

三、主要化学试剂及产物的物理常数

名称	分子量	性状	折光率	密度	熔点 /℃	沸点 /℃	溶解度 (g/100 mL 溶剂)		
							水	醇	醚

四、实验装置图

五、实验流程框图

六、实验过程及现象

时间	过程	现象

七、产物性状及产率计算

八、讨论

九、思考题

实验成绩：_____   评阅老师：_____